Serie JELU-RUEMAR

Propuestas para optimizar la enseñanza y el aprendizaje de la matemática.

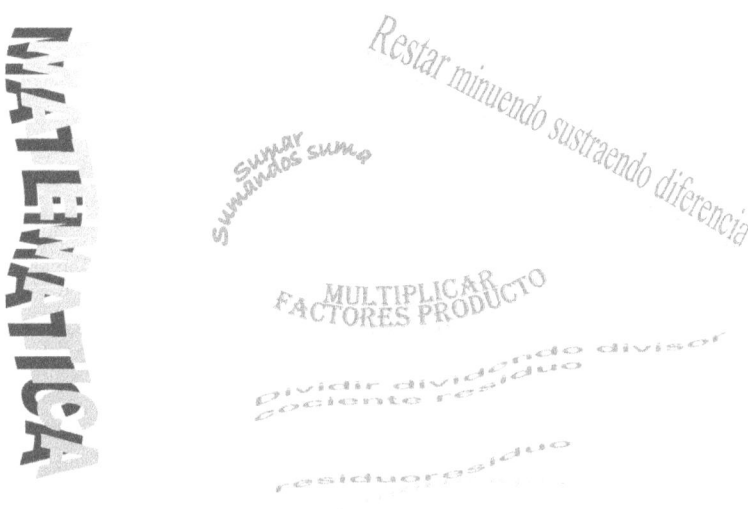

TERCER TOMO
ADICIÓN-SUSTRACCIÓN-MULTIPLICACIÓN-DIVISIÓN.

POR: Scarlet C. Rueda M

2019

Operaciones

PRESENTACION

Tradicionalmente cuando se ofrece un curso de nivelación para aspirantes a ingresar a alguna institución superior, un curso para la "recuperación", refuerzo o un repaso introductorio al inicio de un nuevo ciclo o tema, se repite tal cual el programa; con el mismo enfoque. La experiencia con alumnos de diferentes niveles e intereses le ha permitido a la autora corroborar que la enseñanza en estos casos es más productiva si se presentan los contenidos en forma comparativa.

Los contenidos, aquí desarrollados, constituyen una organización de los entes matemáticos, más conocidos, relacionados mediante la operación "ADICION" y su operación opuesta la "SUSTRACCIÖN" y/o mediante la "MULTIPLICACION" y su operación inversa la "DIVISION". Representa una forma de mostrar la gran variedad de "sumandos"," minuendos", "sustraendos", "factores", "dividendos" y "divisores" que generan la correspondiente variedad de "sumas", "diferencias", productos" y "cocientes".

La autora.

Scarlet Coromoto Rueda Marrero

SEMBLANZA DE LA AUTORA

La profesora Scarlet C. Rueda M. es egresada, en la especialidad de Matemática, del Instituto Universitario Pedagógico Experimental "Rafael Alberto Escobar Lara" ubicado en la ciudad de Maracay. Estado Aragua. Venezuela. Ha incursionado en la docencia desde el subsistema de pre escolar hasta educación superior, incluyendo educación especial. Entre los institutos donde ha desempeñado su labor se cuentan:

I.E.E Pre-escolar de Audición y Lenguaje." Maracay".
ÇC.P.A.P.E.P "La Candelaria".
E.B "Simón Bolívar"
C.B.C "Cruz Verde"
C.B "Magdaleno"
U.B.E "Jose Rafael Revenga"

ESCUBAFAN
UBA
IUPFAN
IUPE" RAFAEL ALBERTO ESCOBAR LARA"
INCE-EPA
UNEFA.
IUTELV. Maracay.
Entre otros...

Ha publicado otras obras certificadas tales como:
1) ALGEBRA LINEAL. 2) FISICA BÁSICA 3) MANUAL PRACTICO DE PLANIFICACIÓN. 4) EL AULA PROYECTO PEDAGOGICO. CONTROL ADMINISTRATIVO. entre otras.

Operaciones

Tabla de contenido

Contenido	Pàg.nº
Presentación	2
Semblanza de la autora	3
Adición	5
Sustracción	24
Multiplicación	36
División	54
Ejercicios propuestos	67

Las operaciones fundamentales del algebra son la adición, la sustracción, la multiplicación y la división. Las cuáles serán presentadas en forma comparativa en este material instruccional.

OPERACIONES OPUESTAS:
ADICION-SUSTRACCION.

ADICION

La idea de la adición es reunir, agrupar o unir símbolos sean numéricos o literales, que tengan características semejantes, es decir que pertenezcan a un mismo conjunto de elementos, es por ello que la adición no está definida entre todos los símbolos que existen; es decir no se adicionan;

⊕ x^2 con x^3
⊕ $\sqrt{3}.....con...\sqrt{2}$ (como raíces, pero si como decimales o fracción decimal)

Operaciones

- $\sqrt[3]{7}$ con $\begin{pmatrix} -2 & 1 \\ 0 & 3 \end{pmatrix}$

- $\begin{pmatrix} -1 \\ 1 \\ 2 \end{pmatrix}$ ...con... $\begin{pmatrix} 1 & 5 & 7 \end{pmatrix}$

Para cada espacio o conjunto de elementos, existen condiciones que definen a la adición, a continuación, se señalan algunos casos:

- 12+36 =48

En esta adición los sumandos son números naturales por tanto está definida y su suma es cuarenta y ocho que se genera al adicionar unidades con unidades y decenas con decenas, no se adicionan unidades con decenas, de allí la importancia de ordenar las cifras según el valor de posición de los símbolos. Esto es

3865+

<u>243</u>   es incorrecto.

3865+
 243   es correcto.

Porque indica que se adicionara unidades con unidades, Decenas con decenas, centenas con centenas…

⊕ (-315) +(-22) =-337

Trescientas quince unidades negativas más ventidos unidades negativas ¿Cuántas unidades negativas son? trescientos treinta y siete unidades negativas.

⊕ $\dfrac{3}{5} + \dfrac{1}{5} = \dfrac{4}{5}$

Este planteamiento se lee "Tres quintos más un quinto ¿Cuántos quintos son?" …Son cuatro quintos.

Operaciones

Los sumandos son racionales representados por fracciones y como tienen igual denominador se suman los numeradores de las fracciones sumandos y se obtiene el numerador de la fracción suma, el denominador de la fracción suma es el denominador común de las fracciones sumandos

$$\oplus \quad \frac{11}{7}+\frac{3}{5}=\frac{55}{35}+\frac{21}{35}=\frac{55+21}{35}=\frac{76}{35}$$

Recordar que el m.c.m entre denominador de la fracción sumando y este resultado por el numerador de la misma fracción, de manera reiterada según el número de fracciones sumandos, genera el sumando correspondiente para obtener el numerador de la fracción suma

La adición entre fracciones está definida para fracciones con denominadores iguales y como las fracciones por amplificación o reducción son equivalentes entre sí .se efectúa la adición a partir de las fracciones equivalentes que poseen igual denominador obteniendo del m.c.m entre estos. De esta forma siempre, a partir de sumandos fraccionarios podemos obtener la fracción suma.

⊕ 3,157+2,515=5,671

Los sumandos son racionales representados en forma decimal su suma es otro decimal cuya parte entera se obtiene de la suma de las partes enteras de los sumandos y la parte decimal de la parte decimal de los decimales sumandos. (se mantiene el orden de colocación de la coma y la parte decimal se obtiene al sumar décimas con décimas, centésimas con centésimas, milésimas con milésimas).

⊕ Si $Z_1=2+3i$ y $Z_2=5+8i$ entonces

Operaciones

⊕ Z1+Z2=(2+3i) + (5+8i) = (2+5) +(3+8)i=7+11i.

En este caso los sumandos son números complejos escritos en forma binómica.

En general la suma de los complejos es otro complejo cuya parte real es generada por la adición de las partes reales de los sumandos y la parte imaginaria por la adición de las partes imaginarias de los sumandos. No se adicionan parte real con parte imaginaria.

⊕ $3x^2+5x^2=8x$

Tenemos ahora una adición de términos (monomios) esto es tres equis al cuadrado más cinco equis al cuadrado, ¿Cuántas equis al cuadrado son? y la suma es ocho equis al cuadrado. Se destaca que los términos tienen la misma variable (x) y el mismo grado (2), es decir son semejantes y la adición de términos solo está definida si estos son semejantes, al igual que entre radicales (son semejantes si poseen igual índice e igual cantidad sub. radical); entre potencias (son semejantes si poseen igual base e igual exponente) entre las matrices (son semejantes si poseen igual orden, es decir igual número de filas e igual número de columnas).

$13\sqrt{8} + 15\sqrt{2} =$
$13\sqrt{2^3} + 15\sqrt{2} = por\ descomposicion\ en$
$factores\ primos$
$13\sqrt{2^2.2} + 15\sqrt{2} = por\ producto\ de\ potencias$
$de\ igual\ base$
$13.2\sqrt{2} + 15\sqrt{2} = por\ extraccion\ de\ radical$
$26\sqrt{2} + 15\sqrt{2} = producto\ de\ naturales$
$(26+15)\sqrt{2} = 41\sqrt{2}\ \ adición\ \ de\ naturales$

$$\begin{pmatrix} 2 & 1 \\ 3 & 7 \end{pmatrix} + \begin{pmatrix} 0 & 5 \\ 10 & 9 \end{pmatrix} = \begin{pmatrix} 2+0 & 1+5 \\ 3+10 & 7+9 \end{pmatrix} = \begin{pmatrix} 2 & 6 \\ 13 & 16 \end{pmatrix}$$

Operaciones

Entre matrices la adición se efectúa entre las componentes correspondientes, por lo que es necesario que sean semejantes. Esto es, componente en posición 1,1 de la primera matriz sumando con la componente en la posición 1,1 de la segunda matriz sumando genera la componente en posición 1,1 de la matriz suma

La componente en posición 1,2 de la primera matriz sumando con la componente en posición 1,2 de la segunda matriz sumando genera la componente en posición 1,2 de la matriz suma y así sucesivamente … hasta haber sumado todas las componentes respectivas. ($a_{i,j} + b_{i,j} = c_{i,j}$).

⊕ $P(t)=2t+7$ y $Q(t)=5t^2+3t+8$.
$P(t)+Q(t)=2t+7 + 5t^2+3t+8=5t^2+(2+3)t+(7+8) =5t^2+5t+15$

Tenemos polinomios sumandos. Se adicionaron solo los términos que son semejantes pues no está definida la adición entre t y t² ni entre t y 7. (Un símbolo literal no lo podemos sumar con un símbolo numérico; un símbolo literal solo se adiciona a otro que sea semejante a él).

⊕ Para $V_1=(2,5)$ y $V_2=(7,3)$,

$$\vec{V}_1+\vec{V}_2 = (2,5)+(7,3) = (2+7, 5+3) = (9,8)$$

En este planteamiento los sumandos son vectores en un sistema bidimensional escritos por los símbolos llamados pares ordenados. La primera componente del vector suma se obtiene sumando las primeras componentes de los vectores sumandos, y la segunda componente del vector suma se obtiene por la adición de las segundas componentes de los vectores sumandos. "No se adicionan primera componente con segunda componente."

De encontrarse en un sistema tridimensional, se obtiene el vector suma por la adición de las componentes correspondientes ya señaladas y la tercera componente del vector suma se obtiene al adicionar las terceras componentes de los vectores sumandos. Así:

⊕ $(2,1,3) + (34,12,55) =$
$(2+34, 1+12, 3+55)$
$= (36,13, 58)$

La adición entre pares ordenados y ternas ordenadas no está definida ya que esta operación se efectúa componente a componente. es decir, no se adicionan (7,5) con (3,7,9)

⊕ $3lgx + 5lgx = (3+5)lgx = 8lgx$

Ahora los sumandos son logaritmos base 10 de x y se tienen tres logaritmos de equis más cinco logaritmos de equis. ¿cuántos logaritmos de equis son? El logaritmo suma es ocho logaritmos de equis.

La adición de logaritmos está definida si sus bases y argumentos son iguales. No se adicionan $\lg_a y + \lg_a z$; tampoco $\lg_a x + \lg_b x$. Es decir, si solo son iguales las bases o solo son iguales los argumentos no está definida la adición; no se puede obtener una suma

$$\frac{8}{3}sen\alpha + \frac{2}{7}sen\alpha = \left(\frac{8}{3}+\frac{2}{7}\right)sen\alpha = \left(\frac{56}{21}+\frac{6}{21}\right)sen\alpha = \frac{62}{21}sen\alpha$$

Es una adición donde los sumandos son funciones trigonométricas esto es ocho tercios del seno de alfa más dos séptimos del seno de alfa. ¿Cuantos senos de alfa son? La función suma es sesenta y dos veintiún avos del seno de alfa.

Esta adición está definida porque los argumentos son iguales y la función trigonométrica es la misma.

Operaciones

No podríamos adicionar $\operatorname{sen}\alpha$ con $\operatorname{sen}\beta$ porque sus argumentos son distintos.

Ni $\cos\alpha$ con $\operatorname{sen}\alpha$. Ya que son funciones trigonométricas distintas.

⊕ $\quad 3.10^4 + 5.10^4 = (3+5)10^4$
$$= 8.10^4$$

⊕ $\quad 5e^{7x} + \dfrac{3}{2}e^{7x} =$

$$\left(5 + \dfrac{3}{2}\right)e^{7x} = \left(\dfrac{10}{2} + \dfrac{3}{2}\right)e^{7x} = \dfrac{13}{2}e^{7x}$$

En los planteamientos anteriores los sumandos son potencias de igual base e igual exponente. Por tanto, en cada caso la adición está definida.

Pero no está definida entre los dos casos es decir no se puede adicionar el primer sumando del primer ejemplo con alguno de los sumandos del segundo ejemplo.

❖ $3(x+y) + \frac{7}{4}(x+y) = \left(3 + \frac{7}{4}\right)(x+y) =$

$\left(\frac{12}{4} + \frac{7}{4}\right)(x+y) = \frac{19}{4}(x+y)$

La suma que se obtuvo en esta adición es un binomio cuyo coeficiente común se genera a partir de los coeficientes comunes de los sumandos, que son semejantes. Situación que no es posible en el planteamiento siguiente

⊕ $7(x+y) + 13(z+p)$; donde los binomios sumandos no son semejantes ni poseen ningún termino común por tanto la adición no está definida. Por otra parte, una situación como:

⊕ $8(x+y) + 3(x+z)$

Aunque no representa una adición entre los binomios si se pueden adicionar los términos o monomios que surgen al aplicar la propiedad distributiva, tal como se muestra a continuación.

⊕ $8(x+y) + 3(x+z) = 8x + 8y + 3x + 3z$

Operaciones

$= (8+3)x+8y+3z = 11x+8y+3z.$

Se ha señalado que una raíz suma surge de raíces sumandos semejantes entre sí, análogamente una matriz suma, un vector suma, una función suma llámese logaritmo, seno, tangente, polinómica, exponencial u otra. En general una suma tiene la misma representación simbólica literal y/o numérica de los sumandos que la generan, sin embargo, cabe destacar que cuando todos los sumandos son símbolos numéricos representados por elementos de conjuntos diferentes se pueden expresar en uno solo (número real, complejo, u otro) y luego efectuar, o sencillamente se introducen los sumandos en una calculadora y esta nos dará la suma en la forma que se desee. Por ejemplo:

$$\oplus \ \sqrt{25}+\lg_3 27+2^3+sen30+21 = 5+3+\frac{1}{2}+21 = \frac{1}{2}+29 = \frac{1}{2}+\frac{58}{2} = \frac{59}{2}$$

Por otra parte, cada uno de estos entes señalados en símbolos literales tiene asociado un valor numérico, que se obtiene al asignar un valor Real o complejo al literal correspondiente, así

Si $P(x)=x+5$ entonces $P(1) = 1+5$ en donde cabe destacar que si p es una función entonces su valor numérico asociado (6) es la imagen de 1 a través de la función definida por: $x+5$. El argumento aumentado en cinco unidades.

Si es un polinomio (tipo binomio por tener dos términos y es de grado uno) entonces 6 es el verdadero valor o valor numérico del polinomio para $x=1$.

Si $P(x)=6$ entonces $x+5=6$ es una ecuación, en este caso no se asigna un valor a equis, sino que se calcula u obtiene mediante la aplicación de los postulados fundamentales del algebra (tomo de Relaciones), o nos preguntamos ¿qué valor debe tener equis para que sumado a 5 me genere al 6? y por supuesto obtenemos que la respuesta es x=1.

El sumando representado por el símbolo literal x tiene asociado el símbolo numérico uno para que la ecuación sea verdadera o para que se cumpla la igualdad.

Pero también hay entes representados por símbolos numéricos que tienen un valor numérico asociado tal es el caso de las matrices cuadradas cuyo valor numérico asociado es conocido como el determinante. (Otro tomo)

En base a lo expuesto sobre la adición se recomienda para obtener la suma correspondiente identificar el tipo de sumando y por supuesto decidir si esta está definida y como se debe proceder. Es decir, al identificar el tipo de sumando y evaluar su condición de semejanza, estaremos ya en la disposición de efectuar la adición que como es notable se refiere a la adición de números reales. (Revisa de nuevo los ejemplos señalados.

USO DE LA ADICION

La aplicación de esta operación es múltiple, pues la usamos en otras asignaturas y principalmente en la vida diaria, en situaciones como:

❖ Tenía 10 moles de mercurio y se agregaron cinco, ¿Cuántos moles de mercurio se utilizaron?

10Mm+5Mm=15Mm

Se utilizaron 15 moles de mercurio

❖ El móvil recorrió 100m y luego en la misma dirección y sentido 250 m más ¿cuánto espacio recorrió el móvil? O ¿a qué distancia del punto de `partida se encuentra el móvil?.

100m+250m=350m

El móvil recorrió 350m. O el móvil se encuentra a 350 m del punto de partida.

❖ La mamá de Camilo llegó del trabajo y llevó 2 litros de leche y luego llegó su papa con un litro de leche. ¿Cuántos

Operaciones

litros de leche compraron los padres de Camilo?

2lt+1lt=3lt. Compraron 3 lt de leche.

- ❖ En casa de Jesús Alberto van a construir una habitación y el constructor que hace el presupuesto indica que deben comprar 7m de arena, pero una vez iniciado el trabajo pide 2 metros y al otro día un metro más. ¿Cuánta arena se utilizó?

$$7m+2m+1m=10m$$

Se utilizaron 10 metros de arena.

- ❖ Verónica está haciendo galletas y coloco el reloj del horno por 15 minutos, pero al revisar vio que faltaba tiempo y las saco 10 minutos después de haber sonado la alarma. ¿Cuánto tiempo tardaron las galletas en cocinarse?

15"+ 10"=25"   Tardaron 25" minutos.

- ❖ Durante la mañana la temperatura era de 21 grados y para la tarde había aumentado 11 grados. ¿Cuál es la temperatura en la tarde?

21°+ 11°=32°

La temperatura en la tarde es de 32 grados.

En las aplicaciones se observa que los sumandos tienen la misma unidad física, es decir no se adicionan litros con metros, ni minutos con segundos, se deben adicionar metros con metros minutos con minutos etc. Pues la unidad física en que se expresa la medida es la característica de semejanza para adicionar los sumandos cuando la operación está presente en aplicaciones o en "resolución de problemas", por lo que es muy importante saber hacer conversiones entre unidades físicas. (otro volumen)

Plantea y resuelve adiciones con todos los diferentes símbolos (numéricos y literales) matemáticos que has conocido, identifica los elementos que forman parte de la operación y su resultado.

SUSTRACCION

En general conocida como la operación opuesta de la adición ya que en lugar de agrupar se mentaliza como el quitar; que realmente es un aparear o agrupar en pares, elementos con características distintas.

Los elementos que intervienen son:

El minuendo; lo que este delante del signo "menos (-).

El sustraendo; lo que este después del signo menos (-)

La diferencia que es el resultado de la operación

En el conjunto de los números naturales ($\mathbb{N}$), la sustracción solo está definida cuando el minuendo es mayor que el sustraendo, lo que género ,entre otras causas, la ampliación del conjunto de los naturales y surge el conjunto de los números enteros,($\mathbb{Z}$), donde la sustracción se define operacional mente así "Consiste en sumar al minuendo el opuesto del sustraendo" definición usada en todos los demás conjuntos de entes matemáticos (racionales, irracionales, reales ,complejos ,matrices, vectores, polinomios, funciones…)

Así:

45-97 no está definida en el conjunto de los números naturales, ya que el minuendo es menor que el sustraendo.

45-97 si está definida en el conjunto de los enteros y se efectúa sumando al minuendo el puesto del sustraendo, por tanto 45-97=45+ (-97) =-52.

Como se puede observar al aplicar la definición de sustracción se obtiene una adición y por tanto esta operación se efectúa en referencia a la adición. Como se observa en los ejemplos citados a continuación:

3X-12X=3X+(-12X) =-9X

Operaciones

Que se lee tres equis menos doce equis ¿Cuántas equis son? Son menos nueve equis. Donde 3x es el minuendo 12x es el sustraendo y -9x es la diferencia.

-15senx-35senx=-15senx+(-35senx) =-50senx
El minuendo es menos quince seno de equis
El sustraendo es treinta y cinco seno de equis y la diferencia es menos cincuenta seno de equis.

$$\frac{3}{7}\sqrt[5]{11}-\frac{5}{7}\sqrt[5]{11}=\frac{5}{7}\sqrt[5]{11}+(-\frac{3}{7}\sqrt[5]{11})=$$
$$\left(\frac{5}{7}+\left(-\frac{3}{7}\right)\right)\sqrt[5]{11}=\frac{2}{7}\sqrt[5]{11}$$

Para obtener la diferencia en esta sustracción se aplicó la definición es decir se suma al minuendo el opuesto del sustraendo lo que genera una adición donde los sumando son fracciones con igual denominador.

Se le tres séptimos de raíz quinta de once menos cinco séptimos de raíz quinta de once ¿Cuántas raíces quintas de once son?

R: dos raíces quintas de once.

3√2lgx-√2lgx=(3-1)√2lgx=

(3+(-1))√2lgx=2√2lgx

Tres raíces cuadradas de dos logaritmos de equis menos una raíz cuadrada de dos logaritmos de equis. ¿Cuántas raíces cuadradas de dos logaritmos de equis son? La diferencia es dos raíces cuadradas de dos logaritmos de equis.

(2i+3j-5k) -(7i+2j+k) =

(2+(-7)) i+(3+(-2)) j+(-5+(-1)) =-5i+j-6k.

En este planteamiento el minuendo y el sustraendo son vectores en 3D. Para obtener la diferencia aplicamos la definición componente i con componente i; componente j con componente j y componente k con componente k de manera que la diferencia también es un vector en 3D.

Al aplicar la definición operacional de la sustracción se obtienen los opuestos del sustraendo por lo que se destacan los siguientes términos:

Operaciones

Numero opuesto

Polinomio opuesto

Matriz opuesta

Fracción opuesta

n-upla opuesta entre otros

La presencia de la adición y su operación opuesta la sustracción, en un mismo planteamiento generan una expresión algebraica conocida como "suma algebraica". En la cual se utilizan signos de agrupación los cuales deben ser eliminados de la expresión para resolver las correspondientes operaciones (Adición y/o sustracción). Esto lo podemos observar en el siguiente planteamiento:

-3+2-(2-5) +6=   lo que está dentro del par de Paréntesis es un sustraendo

-3+2-2+5+6 =

-3+11= 8

Cabe destacar que en esta operación combinada se aplica la definición de sustracción entre el 2 y lo que está dentro de los paréntesis, es decir el 2 es el minuendo.

A su vez el 2 es un sumando en relación con -3.

En general todas las expresiones algebraicas contenidas dentro de paréntesis precedidos por el signo menos forman un sustraendo y por tanto el opuesto de este se suma al minuendo, es decir, la expresión que este delante de ese signo menos. Esto genera que cuando se va a eliminar un signo de agrupación que esta precedido del signo menos a cada símbolo, numérico o literal, contenido dentro de estos se les cambia el signo por su opuesto (+ por – o -por +).

Pero si el signo de operación que precede al signo de agrupación es el signo más, los símbolos contenidos dentro de estos son sumandos y por tanto conservan su signo de operación al eliminar el signo de operación.

La presencia de la suma algebraica es común en la presencia de cualesquiera de los

Operaciones

entes matemáticos conocidos así encontramos, por ejemplo:

$$\frac{3}{5}+\frac{2}{5}-\frac{7}{5}=\frac{3+2-7}{5}=\frac{-2}{5}$$

Que es una suma algebraica de fracciones con denominador común.

-3x+8x+3x-6x=(-3-6)x+(8+3)x=-9x+11x=2x

Es una suma algebraica de términos semejantes (monomios de grado uno) y para efectuar se agruparon los coeficientes negativos y los coeficientes positivos de x para obtener así solo dos términos y efectuar así la correspondiente operación.

Otro ejemplo:

2x-3y+5y-x=(2-1)x+(-3+5)y=x+2y.

Se puede notar que en este caso se agrupan los coeficientes de los términos semejantes x por una parte y y por otra ya que no podemos sumar algebraicamente x con y.

Cabe destacar que una diferencia o una suma algebraica surgen de la sustracción de minuendos y sustraendos o sumandos semejantes cuando estos son raíces, polinomios, matrices, potencias…

Por ejemplo:

$-3e^2+5e^2-12e^2-2e^2=$

$(-3+5-12-2)\ e^2=-12e^2$

En este caso se procedió a agrupar los coeficientes de las potencias de base e y grado (exponente) dos y efectuar la correspondiente suma algebraica entre los símbolos numéricos colocados entre los paréntesis, esto indica que podemos efectuar agrupando por signos como caso ya visto o de esta forma.

También surgen sumas algebraicas al calcular imágenes o valores numéricos de funciones. Como se puede observar en los planteamientos siguientes:

❖ Si $P(x)=2x^2-3x-9$ entonces

$P(-2)=2(-2)^2-3(-2)-9=8+6-9=5$

❖ Si $F(x)=3x-5x^3+x^2-7$ entonces $F(-1)=3(-1)-5(-1)+1-1=-2$.

En estos ejemplos se puede notar la presencia de otras operaciones, como son la multiplicación y la potenciación las cuales serán recapituladas más adelante

En cuanto a las aplicaciones, solo está definida la sustracción entre unidades físicas iguales, es decir metros con metros, kg con kg, segundos con segundos, centímetros cúbicos con centímetros cúbicos, amperios con amperios, Hertz con Hertz, kilobytes con kilobytes, microcoul con microcoul.

Por ejemplo.

1) Si has copiado Información en tu pendrive de capacidad 2 GB y te quedan disponible 0,70 GB. Quieres saber cuántos GB has utilizado 2 GB-0,70GB=1,30 GB. Has utilizado 1,30 GB

2) Felipe ha estado ahorrando y en el pasado año tenía 23.000 bs. Pero decidió adquirir un

equipo para su taller en el cual invirtió 19.500 bs. ¿Cuánto le queda a Felipe de sus ahorros?

23.000bs-19.500bs=4.500bs

Le quedan 4.500 bs

3) Cuanto ha variado el presupuesto correspondiente a la cesta básica si antes se invertían 150 bs y ahora 700bs.

750bs-150bs=600bs

Ha variado 600 bs.

4) En el comedor del colegio se consumían 50 lts de leche y actualmente se consumen 175 lts ¿cuánto ha aumentado el consumo de la leche.

¿

175lts-50lts=125lts

El consumo ha aumentado en 125lts.

5) Cual es la variación de la velocidad de un móvil que inicio su movimiento con una velocidad inicial de 20 km/h y al cabo de una hora su velocidad es de 80 km/h.

V_f-V_o=80km/h-20km/h=60km/h

El móvil vario su velocidad 60 km/h en una hora.

Operaciones

Se puede destacar que en aplicaciones los términos

Diferencia, variación, incremento, disminución hacen referencia a la sustracción.

 Se realiza entre magnitudes cuyas unidades físicas estén en un mismo sistema. (Análoga a su opuesta la adición)

Plantea y resuelve sustracciones con todos los diferentes símbolos matemáticos que has conocido (numéricos y literales), identifica los elementos que conforman la operación.

Plantea y resuelve, "sumas algebraicas", usando sumandos distintos en cada planteamiento de manera que uses todos los entes conocidos (fracciones, funciones, términos, raíces, potencias, enteros, complejos, matrices, unidades físicas, entre otros.

OPERACIONES INVERSAS. MULTIPLICACION-DIVISION

MULTIPLICACION

Definida como una abreviatura de la suma reiterada. Esto es a+a+a+a+a+a+…+a n veces es na. Donde n es el número de veces que está a como sumando y a es el sumando.

Los elementos que en ella intervienen se llaman factores y el resultado producto.

Multiplicación en N

23x5=115 Se efectúa la multiplicación de las unidades del segundo factor (5) por las unidades del segundo factor (3) y el mismo (5) luego con las decenas del primer factor (2).

Multiplicación de un numero natural por la unidad seguida de ceros:

455x1000=455000. Se escribió el primer factor (455) y se agregaron tantos ceros como contiene el segundo factor (1000; la unidad seguida de tres ceros).

Multiplicación en Z

Se multiplican signos por signos (+. +=+; -. -=+; +. -=-; -. +=-)

y símbolo por símbolo (numérico-numérico=numérico; literal-literal=literal; literal-numérico = numérico-literal)

a) $(-15)(30)=(-.+)(15.30)=-450$

b) $(-x)(-y)=(-.-)(x.y)=xy$

c) $(-a)(-a^2)=(-.-)(a.a^2)=a^3$

d) $2(-z)=(+.-)(2.z)=-2z$

Multiplicación en Q:

Las fracciones se multiplican numerador por numerador de las fracciones factores para generar el numerador de la fracción producto y denominadores de las fracciones factores generara el denominador de la fracción producto

Operaciones

1) $\dfrac{3}{5} \cdot \dfrac{2}{7} = \dfrac{3.2}{5.7} = \dfrac{6}{35}$

2) $\dfrac{-1}{-2} \cdot \dfrac{5}{-3} \cdot \dfrac{10}{3} = \dfrac{(-.+.+)(1.5.10)}{(-.-.+)(2.3.3)} = \dfrac{-50}{18}$

Multiplicación de decimales:

Se multiplican como si fueran naturales o enteros y al producto se le ubica la coma según la cantidad de símbolos decimales tengan los factores así:

$\quad$ 3,55 x
$\quad$ ____1,2____
$\quad\quad$ 710 +
$\quad$ _ 355____
$\quad\quad$ 4,260

Multiplicación de un decimal por la unidad seguida de ceros:

Se corre la coma hacia la derecha según el número de ceros del factor unidad seguida de ceros. Tal como se muestra en el siguiente ejemplo:

35,347x100=3534,7 ya que uniendo los casos anteriores se tendría que al multiplicar por la unidad seguida de ceros agregaríamos los tres ceros al primer factor (35,34700) y al contar el número de decimales de los factores para ubicar la coma al producto se obtendría (3534,700) que es equivalente a el resultado que de forma directa se ha indicado (3534,7).

Si la unidad seguida de ceros esta expresada como potencia de base 10 estaríamos en presencia de una multiplicación de potencias que se efectúa así:

$2x10^3 . 2,3x10^2 = (2.2,3)(10^3 . 10^2) = 4,6x10^5$

Expresión conocida como notación científica

Multiplicación de potencias:

Se puede observar que en la multiplicación de las potencias de base 10 se escribió la base y se sumaron los exponentes.

Operaciones

Y cabe destacar que la multiplicación entre potencias está definida si estas tienen la misma base en caso contrario se desarrollan las potencias para obtener el número real correspondiente y se efectúa la correspondiente multiplicación ó se deja planteado según el ente en que se desea expresar el resultado.

$2^3.2^2.2=2^{3+2+1}=2^6$ Es una multiplicación de potencias de igual base por tanto para obtener la potencia producto se escribe la base de las potencias factores y se suman los exponentes de las mismas potencias.

$5^3.2^2=5.5.5.2.2=500$. Desarrollando cada potencia, que es una multiplicación reiterada de la base consigo misma tantas veces como lo indique el exponente; y luego la multiplicación obtenida.

Multiplicación de raíces:

a) Con igual índice:

Para obtener la raíz producto se escribe la raíz con el índice común entre las raíces factores y se multiplican entre si sus cantidades subradicales cuyo producto será la cantidad subradical de la raíz producto. Así:

$$\sqrt[5]{13}.\sqrt[5]{10} = \sqrt[5]{13.10} = \sqrt[5]{130}$$

0troejemplo:
$$\sqrt[3]{2x^2}.\sqrt[3]{-5x^n} = \sqrt[3]{(2x^2)(-5x^n)} = \sqrt[3]{-10x^{n+2}}$$

Justifica o explica el resultado obtenido.

b) Con diferente índice: Se calcula el mínimo común índice entre los índices de las raíces factores, el cual será el índice de la raíz producto y se procede a dividir este m.c.i (mínimo común índice) entre cada índice de las raíces factores y el resultado se asignará como exponente a la correspondiente cantidad subradical. Según se puede observar en el siguiente ejemplo:

$\sqrt[2]{3x} \cdot \sqrt[3]{2y} =$

$\sqrt[6]{(3x)^3 \cdot (2y)^2} =$

$\sqrt[6]{3^3 x^3 2^2 y^2} =$

$\sqrt[6]{108 x^3 y^2}$

Justifica cada afirmación de este planteamiento.

Multiplicación de monomios:

Esta operación involucra la multiplicación de reales (coeficientes del monomio) y multiplicación de potencias de igual base (las variables) así: $(3y)(-2y)=(3.-2)(y.y)=-6y^2$

Otro ejemplo:

$$\left(\frac{-3}{7}x^2\right)\left(\frac{1}{7}x\right)\left(\frac{7}{3}y\right) = \left(\frac{-3.3-7}{7.7.7}\right)(x^2.x.y) =$$
$$\frac{9}{49}x^3y.$$

Multiplicación de binomios:

Los binomios como ya sabes está conformado por dos monomios por tanto la operación combina la conocida propiedad distributiva y la multiplicación de monomios, tal como se puede notar a continuación:

$(3x+2)(-5x-10)=$

$(3x)(-5y)+(3x)(-10)+(2)(-5x)+(2)(-10)=$

$-15xy-30x-10x-10=-15xy-40x-20$

Justifica este resultado.

Este procedimiento se extiende a trinomios y polinomios tal como se muestra en el ejemplo:

$(3x^3+5x^2-4x-2)(x^2-x+1)=$

$(3x^3)(x^2)+(3x^3)(-x)+(3x^3)(1)+(5x^2)(x^2)+$

$(5x^2)(-x)+(5x^2)(1)+(-4x)(x^2)+(-4x)(-x)+$

$(-4x)(1)+(-2)(x^2)+(-2)(-x)+(-2)(1)=$

Operaciones

$3x^5 - 3x^4 + 3x^3 + 5x^4 - 5x^3 + 5x^2 - 4x^3 + 4x^2 - 4x - 2x^2 + 2x - 2 = 3x^5 + 2x^4 - 6x^3 + 11x^2 - 2x - 2$.

Justifica el resultado.

Multiplicación de expresiones racionales:

Se procede en forma análoga a los números racionales (fracciones), es decir numerador por numerador y denominador por denominador, para generar, respectivamente el numerador y denominador de la expresión racional producto. Lo podemos observar en el siguiente ejemplo:

$$\frac{3}{x-5} \cdot \frac{x+2}{x-4} = \frac{3(x+2)}{(x+5)(x-4)}$$

$$= \frac{3x+6}{x^2+x-20}$$

Productos notables:

La multiplicación de binomios genera los llamados productos notables para algunos casos como el producto de una suma por su diferencia, es decir:

$(x-y)(x+y)=x^2-y^2$.

Consulta y elabora una lista con los productos notables

- ❖ Producto de una suma consigo misma o Cuadrado de una suma.
- ❖ Producto de una diferencia consigo misma o Cuadrado de una diferencia.
- ❖ Producto de una suma consigo misma tres veces o Cubo de una suma.
- ❖ Producto de una diferencia consigo misma tres veces o Cubo de una diferencia.
- ❖ Producto de una diferencia con un trinomio de dos términos cuadrados perfectos más el producto de sus bases. (Genera una Diferencia de cubos).

Operaciones

❖ Producto de una suma con un trinomio de dos cuadrados perfecto menos el producto de sus bases. (Genera una suma de cubos)

❖ Producto de un símbolo (numérico o literal) con un polinomio. (factor común monomio)

❖ Producto de dos binomios con un solo termino distinto.

Multiplicación de logaritmos y funciones trigonométricas.

Está definida si estas son iguales, es decir:

a) $Logx.Logx=Log^2x$

b) $2seny.5sen^2y=10sen^3y$

c) $3cosx.senx=3cosxsenx$.

d) $Lnx.8Lny=8LnxLny$

e) $Log(a.b)=Loga+Logb$

En e) se observa que la multiplicación está en el argumento es decir esto es el logaritmo de un producto por ende el proceso es distinto. Lo que difiere del producto de logaritmos presentes en a) y d

Multiplicación de matrices

En general cada componente de la matriz producto se obtiene de la sumatoria de productos de las componentes de cada fila, de la primera matriz factor, con las componentes de la columna, de la segunda matriz factor, en consecuencia, la multiplicación de matrices solo está definida si los matrices factores son conformables (Numero de columnas de la primera matriz factor es igual al número de filas de la segunda matriz factor). Tal como se muestra a continuación:

Dadas las matrices $A=\begin{pmatrix} 1 & -3 & 4 & 2 \\ 0 & 9 & 2 & -1 \\ 4 & 5 & -3 & 7 \end{pmatrix}$ y $B=\begin{pmatrix} 0 & 2 & 3 & 0 \\ -1 & 0 & 1 & 6 \\ 1 & -2 & -1 & -6 \\ 0 & 0 & 3 & 0 \end{pmatrix}$ Determinar A.B

La multiplicación está definida ya que el número de columnas de A (4) es igual al

Operaciones

número de filas de B (4). El producto debe ser una matriz de 3 filas (de A) y 4 columnas.(de B)

$$A.B = \begin{pmatrix} 1 & -3 & 4 & 2 \\ 0 & 9 & 2 & -1 \\ 4 & 5 & -3 & 7 \end{pmatrix} \cdot \begin{pmatrix} 0 & 2 & 3 & 0 \\ -1 & 0 & 1 & 6 \\ 1 & -2 & -1 & -6 \\ 0 & 0 & 3 & 0 \end{pmatrix} =$$

$$A.B = \begin{pmatrix} 7 & -6 & -10 & -42 \\ -7 & -4 & 10 & 42 \\ -8 & 14 & -1 & 48 \end{pmatrix}$$

Resuelva paso a paso en tu cuaderno para que completes las partes omitidas.

Multiplicación de escalar por matriz

Se multiplica cada componente de la matriz por el escalar. Así: Si A es la matriz de componentes

$A = \begin{pmatrix} 5 & 3 & -2 \\ 1 & -\frac{2}{3} & \frac{1}{4} \\ \frac{1}{2} & & \end{pmatrix}$ y el escalar $C = -3$

entonces

$$C.A = (-3)\begin{pmatrix} 5 & 3 & -2 \\ \frac{1}{2} & -\frac{2}{3} & \frac{1}{4} \end{pmatrix} =$$

$$\begin{pmatrix} -3.5 & -3.3 & (-3)(-2) \\ -3.1/2 & (-3)(-\frac{2}{3}) & -3.1/4 \end{pmatrix}$$

$$\therefore C.A = \begin{pmatrix} -15 & -9 & 6 \\ -3/2 & 2 & 3/4 \end{pmatrix}$$

Consulta y ejemplifica otros casos de multiplicaciones como, por ejemplo:

A) Multiplicación de vectores (producto escalar y producto vectorial).

B) Multiplicación de complejos (en forma binomica, exponencial, trigonométrica, canónica (par ordenado o 2-uplas)

C) Multiplicación de unidades físicas (De medidas)

APLICACIONES DE LA MULTIPLICACIÓN.

Como todas las operaciones la multiplicación tiene muchas aplicaciones tanto en situaciones de la vida diaria como en otras áreas del saber.

A continuación, se presentan algunos casos que quizás ya has conocido, con la idea de mostrar esas aplicaciones e invitarte a que consultes y resuelvas otros casos donde uses la multiplicación según tu especialidad o área de interés.

1) Santiago está haciendo un curso de Inglés y cada clase dura 4 horas, cuando lleva ya 15 clases se pregunta ¿Cuántas

horas de Ingles he recibido en estas 15 clases?

Para responder esto Santiago piensa que debe sumar 4+4+4+…15 veces lo que le parece muy largo de hacer así que se da cuenta que es más rápido usar la multiplicación y procede a multiplicar 4.15= 60 y rápidamente supo que había recibido 60 horas de Ingles.

2) Clara está jugando con su "cubo mágico", su papá le dice sabes que ese cubo tiene varios cubitos iguales; distribuidos por sus 6 planos o caras, ella dice si lo veo, a lo que él le pregunta :¿ cuantos cubitos tiene en total?

Clara comienza a contar los cubitos uno por uno, pero se confundía al voltear el cubo para seguir contando así que su papa le dijo; te voy a ayudar dándote a conocer una forma rápida y segura de saber cuántos cubitos tiene ese cubo.

Observa que el cubo tiene 3 cubitos de alto,3 de ancho y 3 de profundidad. así que en lugar de sumar reiteradamente solo tenemos que multiplicar esos números, esto es

3.3.3=27.

Por tanto, el cubo tiene 27 cubitos

3) Una habitación tiene las siguientes medidas 3m de largo y 5m de ancho. ¿Cuál es el área que ocupa la habitación?

Es muy común necesitar conocer el área que ocupa una figura y por geometría sabemos que esta se calcula multiplicando el largo por el ancho, si la figura tiene forma rectangular, así que

A=l.a=3m.5m=3.5 m.m=15 m^2

El área de la habitación es de $15m^2$.

4) Sobre un cuerpo de masa 5 kg actúa una fuerza que le imprime una aceleración de 20m/s^2.

¿Cuál es el módulo de la fuerza, que actuó sobre el cuerpo?

Este caso es una aplicación de la multiplicación en la física y la multiplicación se realiza entre el valor de la masa del cuerpo y el valor de la aceleración adquirida por el cuerpo por la acción de la Fuerza, esto es usando la 2da ley de Newton o ley de la masa ;por lo que se plantea así:

F=m.a→   F=5kg.20m/s^2=   100 kg.m/s^2=100 n

DIVISION

Conocida como la operación inversa de la multiplicación. Los elementos que intervienen se denominan dividendo, lo que está delante del signo entre, divisor lo que esta después y cociente el resultado de la operación. a/b=c

División en N:

Está definida cuando el dividendo es mayor que el sustraendo.
648:2=324

El símbolo numérico que representa al divisor divide a las centenas, (seis entre dos) a las decenas (cuatro entre dos) y a las unidades (ocho entre dos) respectivamente.

40:80 en N no está definido, pero sí lo está en el conjunto Q (números decimales) y por ende en R

De tal forma que 40:80=0,5

División de enteros:

Se divide símbolo entre símbolo y signo entre signo.

Por ejemplo:

1)45:-5=(+:-)(45:5)=-9

2)-100:-50=(-:-)(100:50)=+2=2

3)X:-2=-$\frac{x}{2}$

División de fracciones:

La fracción cociente se obtiene multiplicando el dividendo por el inverso del divisor; así:$\frac{3}{-5}:\frac{-7}{2}=\frac{3}{-5}\cdot\frac{2}{-7}=\frac{3.2}{(-5)(-7)}=\frac{6}{35}$

Otra forma: Es numerador del dividendo por el denominador del divisor genera al numerador del cociente y el denominador del dividendo por el numerador del divisor genera al denominador del cociente así:

$$\frac{5}{4} : \frac{9}{2} = \frac{5.2}{4.9} = \frac{10}{36} = \frac{5}{18}$$

División de decimales:

Se suele indicar que se completan dividendo o divisor con ceros según la menor cantidad de decimales y luego se dividen como si fueran enteros. Esto viene del proceso formal que consiste en multiplicar dividendo y divisor por la unidad seguida de tantos ceros como dígitos decimales presentes en el lado que tenga más decimales. (Dividendo o divisor). Esto es:

3,5:2,75=3,5x100:2,75x100=350:275=1,025

División por la unidad seguida de ceros:

Se corre la coma del dividendo hacia la izquierda tantos lugares como ceros tenga el divisor unidad seguida de ceros. Esto surge del mismo proceso de la división de decimales así se puede señalar:

13,5:1000=0,0135

En donde se puede notar que se agregaron dos ceros para completar según la posición en quedaría la coma.

División de potencias de igual base:

La potencia cociente se obtiene al escribir la base de la potencia dividendo que es la misma de la potencia divisor y su exponente será la diferencia entre el exponente de la potencia dividendo menos el exponente de la potencia divisor (en este orden). Por ejemplo:

$$10^5 : 10^3 = 10^{5-3} = 10^2$$

Otro ejemplo:

$\dfrac{x^8}{x^3} = x^{8-3} = x^2$

División de radicales:

a) Con igual índice:

Para obtener la raíz cociente se escribe la raíz con el índice común entre las raíces dividendo y divisor y se dividen entre si sus cantidades subradicales cuyo cociente será la cantidad subradical de la raíz cociente. Así:

$$\sqrt[7]{20} : \sqrt[7]{10} = \sqrt[7]{20:10} = \sqrt[7]{2}$$

Otro ejemplo: $\sqrt[4]{2z^2} \cdot \sqrt[4]{-5z^m} = \sqrt[4]{(2z^2):(-5z^m)} = \sqrt[3]{\dfrac{2}{-5} z^{2-m}}$

Justifica o explica el resultado obtenido.

c) Con diferente índice:

Se calcula el mínimo común índice entre los índices de las raíces dividendo y divisor, el cual será el índice de la raíz cociente y se procede a dividir este m.c.i (mínimo común índice) entre cada índice de las raíces dividendo y divisor y el resultado se asignará como exponente a la correspondiente cantidad subradical. Según se puede observar en el siguiente ejemplo:

$\sqrt[2]{3x} : \sqrt[3]{2y}$

$= \sqrt[6]{(3x)^3 : (2y)^2}$

$= \sqrt[6]{3^3 x^3 : 2^2 y^2}$

$= \sqrt[6]{\dfrac{27}{4} \dfrac{x^3}{y^2}}$

Justifica cada afirmación de este planteamiento.

División de monomios:

Esta operación involucra la división de reales (coeficientes del monomio) y la división de potencias de igual base (las variables) así:
$(6y^2):(-2y)=(6:-2)(y^2:y)=-3y$

Otro ejemplo:
$$\frac{-8w^{10}}{2w^3} = -4w^7$$

Cocientes notables:

La división de binomios genera algunos casos particulares conocidos como cocientes notables tal como:
$$\frac{x^2-y^2}{x-y} = x+y$$

Define cociente notable. Consulta y elabora una lista de ellos

División de polinomios:

Esta operación combina la división de monomios y el algoritmo de Euclides para la división.

Plantea y resuelve un ejemplo.

División de expresiones Racionales:

Es muy sencillo ya que solo aplicamos la definición operacional es decir multiplicamos el dividendo por el inverso del divisor y obtenemos una multiplicación de expresiones racionales ya estudiada. Por ejemplo:

$$\frac{x^2-5x+4}{2x+6} \div \frac{2x^2-x-1}{x^2+5x+6}$$

$$= \frac{x^2-5x+4}{2x+6} \cdot \frac{x^2+5x+6}{2x^2-x-1}$$

$$= \frac{(x^2-5x+4)(x^2+5x+6)}{(2x+6)(2x^2-x-1)}$$

$$= \frac{(x-4)(x-1)(x+2)(x+3)}{2(x+3)((x-1)(2x+1)}$$

$$= \frac{(x-4)(x+2)}{2(2x+1)}.$$

Operaciones

Como se puede observar es conveniente expresar los polinomios factores como producto de binomios es decir FACTORIZARLOS.

Otros cocientes frecuentes son aquellos cuyo numerador y/o denominador presentas sustracciones o adiciones, como es el caso particular que se señala a continuación, el cual representa el promedio de la razón de cambio en2/x cuando x cambia a x+h, en este caso, muy común en calculo, se empieza efectuando la sustracción en el numerador.

Veamos:

$$\frac{\frac{2}{x+h} - \frac{2}{x}}{h}$$

$$= \frac{\frac{2x - 2(x+h)}{(x+h)}}{h}$$

$$= \frac{\frac{2x - 2x - 2h}{(x+h)x}}{\frac{h}{1}}$$

$$= \frac{-2h}{(x+h)x} \cdot \frac{1}{h}$$

$$= \frac{-2}{(x+h)x}$$

Justifica cada afirmación hasta llegar al cociente.

Otro ejemplo:

$$\frac{\dfrac{x}{x+4} - \dfrac{3}{x+3}}{\dfrac{1}{x} + \dfrac{2}{x-4}}$$

$$= \frac{\dfrac{x(x+3) - 3(x+4)}{(x+4)(x+3)}}{\dfrac{x-4+2x}{x(x-4)}}$$

$$= \frac{\dfrac{x^2 + 3x - 3x + 12}{(x-4)(x+3)}}{\dfrac{3x-4}{x(x-4)}}$$

$$= \frac{x^2 + 12}{(x-4)(x+3)} \cdot \frac{x(x-4)}{3x-4}$$

$$= \frac{x(x^2 + 12)}{(x+3)(3x-4)}$$

Justifica el cociente obtenido.

Consulta y ejemplifica otros casos de división.

tales como:

UNIDADES FÍSICAS. FUNCIONES. ENTRE OTRAS.

USO DE LA DIVISION:

El caso más conocido donde se usa la división es cuando se tiene que REPARTIR algo en partes iguales, por ejemplo:

1) En una clase de arte hay 30 niños y 120 tubos de pintura. ¿Cuántos tubos puede elegir cada uno de total para que todos dispongan de la misma cantidad de colores?.

Claramente vemos que se trata de una repartición en partes iguales por tanto dividimos el total de pinturas entre el total de niños.

```
120 | 30
 0  |  4
```

Cada niño tomara 4 pinturas.

2) Un móvil recorre 150km en 3 horas. ¿Con que rapidez se desplazó el móvil? Esta es una aplicación de la división en Física, por lo que usando la fórmula de rapidez o módulo de la velocidad se tiene que $V=\frac{d}{t}$ →$V=\frac{150km}{3h}$ →$V=50$ km/h

El móvil se desplazó con una rapidez de 50 kilómetros por hora.

3) Siete amigos que almorzaron juntos deben pagar un total de 2800 bs. ¿Cuánto debe aportar cada uno para cubrir la cuenta total?

Se trata de dividir el total de la cuenta entre el total de amigos

```
2800  |7
 0 00 |400
```

Cada amigo deberá pagar 400 bs.

4) Para la fiesta de David su mama compro 8 kilos de caramelos en 320 bs.

Operaciones

¿Cuánto fue el costo de cada Kg de caramelo?

Se debe dividir el total gastado entre el total comprado, esto es:

```
320 | 8
 0 0  40
```

Cada kg de caramelo costo 40 bs

EJERCICIOS PROPUESTOS

I) Escribir y efectuar:

I.a) Una adición de dos números racionales con distinto denominador

I.b) Una división de dos monomios de diferente grado

I.c) Una sustracción de dos enteros negativos

I.d) Una multiplicación de dos raíces con distinto índice

I.e) Una adición de tres números reales no naturales

I.f) Una sustracción de dos matrices de igual orden y componentes reales

I.g) Una multiplicación de cuatro potencias de igual base

I.h) Una división de dos fracciones

I.i) Una suma algebraica con, por lo menos, siete cantidades

I.j) Una adición de irracionales de índice impar y cantidad subradical negativa

I.k) Una división de racionales con numeradores pares y denominadores impares

I.l) Una sustracción de un cuadrado perfecto y un cubo perfecto

I.m) Una multiplicación de cinco factores primos.

II) Escribir el nombre de cada planteamiento según la jerarquía de

Operaciones

operaciones y luego efectuar de manera ordenada indicando la ley, definición o propiedad aplicada.

II.a) $-3-\{2+6-[17-6+5-(-2+8)+3]\}$

II.b) $(4x-2)(4x+2)$

II.c) $(x^2-2x+1) \div (x^2 - 1)$

II.d) $(3x^2+5x-2)(4x^3-8x+3)$

II.e) $\dfrac{5^3 \cdot \left(\frac{3}{5}\right)^2 \cdot \left(\frac{1}{2}\right)^4}{6 \cdot \frac{1}{4} \cdot \frac{2}{7}}$

II.f) $\dfrac{\sqrt{x+1}}{\sqrt{x-2}} \cdot \dfrac{3x}{2}$

III) En cada planteamiento dado a continuación escribe la ley, propiedad o definición, enúnciala y efectúa donde sea posible.

III.a) 15+3=3+15

III.b) 2.(8.6)=(2.8).6

III.c) 12-5=12+(-5)

III.d) $\dfrac{4}{5} \div \dfrac{3}{8} = \dfrac{4}{5} x \dfrac{8}{3}$

III.e) 3(a+b-c)=3a+3b-3c

III.f) $3^5 . 3^6 . 3^8 . = 3^{5+6+8}$

III.g) $(a^2)^m = a^{2m}$

III.h) $\dfrac{a}{b} + \dfrac{c}{b} = \dfrac{a+c}{b}$

III.i) $\dfrac{a}{b} x \dfrac{c}{d} = \dfrac{a.c}{b.d}$

III.j) 125x+0

III.k) $\dfrac{\sqrt{\frac{2}{3}}}{\sqrt{5}} = \sqrt{\dfrac{\frac{2}{3}}{5}} =$

III.l) $\dfrac{4x^4}{8x^2} = \dfrac{4}{8} x^{4-2}$

III.m) $(7x^5).(-10x^{13}) = 7(-10)x^{5+13}$

III.n) 17+(8+33)=(17+8)+33

Operaciones

©Copy right

1912032611552

2019

www.ingramcontent.com/pod-product-compliance
Lightning Source LLC
Chambersburg PA
CBHW070817220526
45466CB00002B/698